UN FOCO EN LA NATURALEZA

EL COLIBRÍ

PAMELA DELL

CREATIVE EDUCATION - CREATIVE PAPERBACKS

Publicado por Creative Education y Creative Paperbacks
P.O. Box 227, Mankato, Minnesota 56002
Creative Education y Creative Paperbacks
son sellos de The Creative Company
www.thecreativecompany.us

Diseño de Blue Design, Inc.
Dirección artística de Tom Morgan
Editado por Grace Beltowski

Fotografías de Alamy Stock Photo/Scott T. Smith / Danita Delimont, Agente, 18; Dreamstime/Dewald Reiners, 10, Judy Kennamer, 16, Rinus Baak, 17; flickr/Biodiversity Heritage Library, 11; Getty Images/Alex Saberi, 29, Arthur Morris, 23, BirdImages, 6, Dorit Bar-Zakay, 21, George D. Lepp, 4-5, Hal Beral, 12, James F. / 500px, 29, ©Juan Carlos Vindas, 14, 29, Judy Unger, 15, LordRunar, 3, 6, 29, VladSt, 8, 10, 14, 16, 20, 22; iStock/JohnPitcher, 27; Pexels/Pixabay, portada, 1; Shutterstock/Ondrej Prosicky, 9; Unsplash/Izumi, 24; Wikimedia Commons/Andy Morffew, 21, Paul Danese, 28

Library of Congress Cataloging-in-Publication Data
LCCN: 2024053940
Library binding ISBN: 9798889899211
Paperback ISBN: 9781682779613
eBook ISBN: 9798895810002

Impreso en India

CONTENIDO

CONOCE A LA FAMILIA 4

Los picaflores puneños de Perú

LA VIDA COMIENZA 7

FAMILIA DESTACADA

Bienvenido al mundo 8

Primera comida 10

PRIMERAS AVENTURAS 13

FAMILIA DESTACADA

Más que aprender 14

Pruébalo 16

LECCIONES DE LA VIDA 19

FAMILIA DESTACADA

Así se hace 20

La práctica hace al maestro 22

AYUDAR A LOS COLIBRÍES A SOBREVIVIR 25

Instantáneas 28

Palabras para saber 30

Visita 32

Índice 32

CONOCE A LA FAMILIA

LOS PICAFLORES PUNEÑOS de Perú

En lo alto de la cordillera de los Andes de Perú se extiende una meseta central de **puna** pastizales y suelo rocoso. Aquí crecen pocas plantas. El clima a esta altitud es seco, frío y ventoso. Los picos nevados se elevan sobre pastizales y terrenos rocosos y abiertos donde crecen hierbas, arbustos y líquenes. Las heladas y la sequía son un reto para la vida por encima de la línea de árboles. Aun así, muchos animales tienen su hogar en estos pastizales. El gato andino, el zorro andino y el puma merodean por esta zona. El gran ñandú de Darwin y muchas otras aves también viven aquí. Una de ellas es el pequeño colibrí colilargo andino.

Una hembra de colilargo andino defiende sola su territorio. Ha construido su nido sola. El nido está fijado a la cara de una roca oculta por arbustos. Dentro de este nido en forma de copa, ha **incubado** sus dos huevos del tamaño de gominolas durante 20 días, manteniéndolos a salvo y calientes. Pero ahora se avecinan cambios. Muy pronto, sus **polluelos** se liberarán.

PRIMER PLANO

Ojos

En comparación con otras aves, los ojos de los colibríes ocupan más espacio en la cabeza. Situados a los lados de la cabeza, sus ojos les proporcionan una visión de casi 360 grados. Su visión es tan aguda que ven una increíble gama de colores brillantes desconocidos para los humanos.

CAPÍTULO UNO

LA VIDA COMIENZA

Los colibríes se cuentan entre las aves más pequeñas del planeta. De hecho, el colibrí abeja cubana es la criatura más diminuta de todo el mundo **aviar**. Existen unas 360 **especies** de colibríes. Aunque hay ligeras diferencias entre ellas, comparten muchos rasgos.

Todos los colibríes viven únicamente en el hemisferio occidental. Existen desde Canadá, en Norteamérica, hasta Chile y Argentina, en Sudamérica, y se encuentran en todas las zonas intermedias. También viven en las islas del Caribe. Muchas especies norteamericanas **migran** hacia el sur cuando hace frío.

La mayoría de los colibríes miden sólo de 7,6 a 12,7 centímetros (3 a 5 pulgadas) de largo. Las hembras suelen ser entre un 15 y un 20 por ciento más grandes que los machos. Necesitan ser más grandes para que sus huevos puedan desarrollarse dentro de sus cuerpos.

Los picos de los colibríes, también llamados picos, son delgados, en forma de aguja y normalmente muy largos en comparación con los de la mayoría de las demás aves. Esto les ayuda a sumergirse en flores profundas y con forma

HITOS DEL PICAFLOR PUNEÑO

DÍA 1

- El primer huevo eclosiona
- Longitud: 2,5 cm (1 pulgada)
- Los ojos están cerrados
- Piel rosada o gris sin plumas

DÍA 2

- Eclosión del segundo huevo

de tubo para llegar al néctar que prefieren comer. Muchas flores rojas son una rica fuente de néctar. Esto las hace especialmente atractivas para los colibríes. Algunos comen hasta 12 veces su peso en néctar cada día. También comen insectos diminutos, como arañas y pulgones. Pero, como ocurre con la mayoría de los animales salvajes, los depredadores también acechan a los colibríes.

Los nidos corren el mayor riesgo. A menudo son presa de serpientes y pájaros más grandes. Si superan su primer año, sus posibilidades de supervivencia mejoran. Pero los gatos y los halcones se convierten entonces en sus principales depredadores. La mantis religiosa también es un enemigo feroz. Con su repentino y relampagueante ataque, la muerte del colibrí es casi segura.

PRIMER PLANO

Lengua

Los colibríes sorben el néctar de las flores con una lengua larga, acanalada y en forma de "W". Los diminutos pelos de la punta de la lengua les ayudan a sorber la comida a una velocidad de hasta 18 veces por segundo. Cuando no la utilizan, la lengua está enrollada.

Los colibríes rara vez se reúnen en bandadas. Defienden ferozmente el territorio que han elegido. Cuando se trata de construir nidos y criar

FAMILIA  **DESTACADA**

Bienvenido al mundo

La madre del picaflor puneño ha construido un nido pequeño pero voluminoso, no mayor que la cáscara de una nuez. Dentro hay dos huevos, cada uno de los cuales no pesa más que un clip. Un día, aparece un pequeño agujero en uno de los huevos. Poco a poco, el agujero se expande hasta convertirse en una grieta. Con un poco más de trabajo, la cría finalmente escapa. Un día más tarde, la segunda cría también sale al mundo. Las crías pesan menos que una moneda de diez centavos. Son débiles y ciegos. Su piel es de color rosa grisáceo y casi no tienen plumas. Pero la vida ha comenzado.

polluelos, las hembras hacen todo el trabajo. Eligen cuidadosamente la ubicación de sus nidos. Las madres comen varias veces al día. También alimentan a sus polluelos a menudo a lo largo del día. Por eso deben construir sus nidos cerca de las fuentes de alimento. Las distintas especies de colibríes tienen sus propias técnicas de construcción de nidos. Pero la mayoría tienen una base hecha de hebras elásticas de tela de araña. Esto ayuda a que el nido se expanda a medida que crecen los polluelos. Hasta que estén listos para volar, los polluelos dependen por completo de su madre para alimentarse y calentarse.

DÍA 9

- Ojos abiertos

DÍA 10

- Comienzan a crecer plumas en forma de alfiler

PRIMER PLANO

Pico

El pico del colibrí es largo para sumergirse profundamente en las flores. Suele ser curvo, pero esto varía según la especie. La mandíbula inferior puede ensancharse en su base y doblarse hacia abajo. Cuando luchan entre sí, los colibríes macho utilizan a veces el pico como arma blanca.

FAMILIA  DESTACADA

Primera comida

Las dos crías de colibrí han salido del cascarón. Su madre ha limpiado el nido de todas las cáscaras de huevo rotas. Ahora es el momento de comer. Las crías necesitan alimentarse cada 20 minutos aproximadamente. Lo primero en el menú es la proteína, o carne, para construir huesos y picos fuertes. Su madre hace muchos viajes para entregarles pequeñas arañas e insectos. Poco a poco, empieza a darles néctar de flores azucaradas como fuente de energía. Para alimentarlos, les mete el pico en la boca. Les lleva, o regurgita, la comida que han tragado directamente al estómago. La cena está servida.

Los colibríes se sienten más

ATRAÍDOS

por las flores de colores brillantes, especialmente rojas o naranjas.

DÍA 12

- La madre empieza a dejar solos a los polluelos, incluso en las noches frías

DÍA 14

- El pico ha crecido mucho más
- Empiezan a crecer plumas verdaderas.

PRIMER PLANO

Plumas

La mayoría de los colibríes tienen diez largas plumas primarias en cada ala. Tienen seis plumas secundarias en cada lado. La mayoría de las especies también tienen colas con diez plumas. A diferencia del resto de aves, los colibríes no tienen plumas de plumón para atrapar el calor y calentarse.

CAPÍTULO DOS

PRIMERAS AVENTURAS

Unas dos semanas después de nacer, los polluelos de colibrí empiezan a ejercitar las alas. Se preparan para sus primeros vuelos. En otras dos semanas serán totalmente independientes. Excepto durante su periodo de apareamiento, no necesitarán a otros de su especie. De hecho, por pequeños que sean, los colibríes tienen un instinto agresivo. Si hay muchos puntos de alimentación en un jardín o en un comedero para colibríes, unos cuantos pueden instalarse allí juntos. Pero normalmente lucharán contra la competencia.

Los colibríes también son territoriales por naturaleza, sobre todo los machos. Si encuentran una buena parcela de flores para alimentarse, no querrán compartirla. Cada flor contiene sólo una pequeña cantidad de néctar. Algunas tardan un día entero en producir más. Y ninguna flor dura mucho. Pero defender sus fuentes de alimento puede ser más fácil para los colibríes que intentar encontrar otras nuevas. Si otro colibrí se acerca, es probable que haya problemas.

DÍAS 14-16

- Empieza a ejercitar enérgicamente las alas para preparar su primer vuelo.

PRIMER PLANO
Pies

Los pies, o garras, de los colibríes tienen tres dedos orientados hacia delante y uno hacia atrás. Las superficies interiores están estriadas, lo que les permite agarrarse bien a los tallos de las flores y a los comederos. Los colibríes no pueden caminar ni saltar como otras aves. Se arrastran lateralmente para desplazarse a lo largo de su percha.

DESTACADA

Más que aprender

La fase de volantón llega pronto para los colibríes. Con sólo tres semanas, los dos diminutos pájaros ya tienen todas sus plumas. Aún no les han crecido del todo las plumas de la cola, pero son capaces de volar. Aun así, los volantones permanecen cerca del nido. Aún no han terminado de aprender. Durante la próxima semana, su madre les enseñará a sobrevivir. Les enseñará dónde encontrar flores llenas de néctar. También les enseñará a atrapar insectos mientras vuelan. Esta es una habilidad importante, llamada "halconeo".

Los colibríes no sólo son feroces. A veces son sorprendentemente valientes. Cuando uno de ellos se vuelve agresivo, incluso las grandes polillas halcón y los abejorros deben tener cuidado. Se sabe que, en ocasiones, los colibríes van tras halcones y otras aves mucho más grandes que ellos. Incluso los mamíferos pequeños pueden ser objeto de ataque si se acercan demasiado a la fuente de alimento del colibrí. El colibrí intentará ahuyentar al intruso como pueda. El pajarillo puede acercarse al enemigo, parloteando y chillando. Puede extender las plumas de la cola y lanzarse en picado contra el objetivo. Los colibríes hacen cualquier cosa para ganar.

DÍAS 20-25

- Completamente volantón, o capaz de volar
- Todas las plumas han crecido
- Abandona el nido sin que la madre se lo pida.

PRIMER PLANO

Gorguera

La brillante y colorida mancha de plumas en la garganta de un colibrí macho se llama **gorguera**. Los investigadores creen que estas llamativas plumas ayudan al ave a distinguirse entre las especies. También ayuda a atraer parejas. Las hembras de colibrí rara vez tienen gorguera.

FAMILIA  DESTACADA

Pruébalo

En lo alto de la cordillera central de los Andes, uno de los picaflores puneños acaba de emplumar. A diferencia de otros colibríes, su madre se posa en las plantas de las que se alimenta. Al posarse ahorra energía en el frío aire de la montaña. Su polluelo copia su comportamiento. Aún es un jovencito, por lo que todavía no ha desarrollado la brillante gorguera verde que lo identificará más adelante. Pero tiene una capacidad innata para resistir el duro clima de gran altitud. Y ahora su madre le ha guiado hasta un arbusto de flores anaranjadas, su favorito. Es un descubrimiento delicioso, y ahora también su sabor favorito.

Cuando se trata de defendiendo una fuente de alimento, los colibríes de

ESTÁN A LA ALTURA DE LA BATALLA.

1 MES

- Ya no es alimentado por la madre
- Ahora se considera un adulto independiente
- Especie migratoria lista para la primera migración

PRIMER PLANO

Grasa corporal

Cuando el tiempo se vuelve frío, algunos colibríes que no migran engordan para mantenerse con vida. A medida que comen, el azúcar que consumen se transforma en grasa. Los colibríes que carecen de suficiente grasa corporal o **plumaje** entran en un estado parecido al sueño llamado torpor, similar a la **hibernación**.

CAPÍTULO TRES

LECCIONES DE LA VIDA

La vida media de la mayoría de los colibríes es de tres a cinco años. Algunas especies viven mucho más. Pero muchos colibríes viven en bosques y otras zonas remotas. Por eso es difícil saber cuánto viven. Algunos estudios estiman que más de la mitad de los colibríes mueren en su primer año de vida. Los depredadores, incluidos los gatos domésticos, son una amenaza constante. Para los que emigran, el largo vuelo de ida y vuelta puede ser agotador. Volar contra una ventana también suele matar a los colibríes. Pero una de sus mayores causas de muerte son los comederos domésticos. Miles mueren cada año por agua azucarada casera en mal estado y comederos sucios. El agua azucarada comercial tóxica, o "néctar" que contiene colorante rojo, productos químicos y conservantes, también puede matar a los colibríes.

Si superan el primer año, los colibríes tienen más posibilidades de vivir más tiempo. Al año de edad, son sexualmente maduros y están listos para

DÍAS 30-40

- El volantón se produce en especies de climas más fríos

DÍAS 45-60

- Las aves nodrizas de algunas especies tropicales dejan de alimentar a sus crías aparearse. Como ocurre con muchas especies de aves, los colibríes macho tienen un aspecto mucho más llamativo que las hembras. Las hembras necesitan pasar desapercibidas porque tienen huevos y crías que proteger. Pero los brillantes e **iridiscentes** verdes, morados y azules de los machos atraen las miradas de la hembras.

Los rituales de cortejo de los machos son muy elaborados. La especialidad de estas aves son sus impresionantes exhibiciones aéreas llenas de acción. Con el tiempo mejoran sus actuaciones. Cuando aparece una hembra interesada, comienza el espectáculo. Puede empezar con el macho planeando, cantando y "bailando". Algunas especies giran rápidamente o realizan extravagantes movimientos con la cola en el aire. Pero la hazaña realmente espectacular es el "salto de cortejo" del ave. El macho puede volar hasta 39,6 metros (130 pies) de altura. Luego, con las alas batiendo unas 200 veces por segundo, se

FAMILIA DESTACADA

Así se hace

Uno de los colibríes recién emplumados está hambriento y listo para salir. Mide unos 12,7 cm (5 pulgadas) de largo. Pesa unos 7,9 gramos (0,28 onza). Cada día se esfuerza por comer lo suficiente. Puede pararse a beber el néctar de las flores cientos de veces al día. Se alimenta sobre todo de flores de arbustos y cactus de bajo crecimiento, y a veces de eucaliptos. También ha aprendido otras formas de conseguir comida. Los insectos que se arrastran por las plantas son sabrosos manjares. Y los caza directamente desde el aire.

PRIMER PLANO

Vuelo

A diferencia de otras aves, los colibríes no baten las alas. En lugar de eso, sus alas giran. Esto les permite volar hacia atrás y boca abajo. También pueden planear con un singular movimiento en forma de ocho. Durante las exhibiciones de apareamiento de algunas especies, el aire que vibra fuertemente en las plumas de la cola puede provocar fuertes sonidos similares a estallidos.

1 AÑO

- La mayoría de los mueren en este tiempo
- Listos para aparearse y reproducirse
- Los machos realizan elaboradas exhibiciones de apareamiento
- Las hembras seleccionan pareja y construyen nidos

lanza en picado a 88,5 kilómetros (55 millas) por hora o más. Si la hembra no se impresiona, sale volando.

Los colibríes suelen poner dos huevos, que tardan entre 11 y 18 días en eclosionar. Todos los colibríes aprenden a volar y a buscar comida a las pocas semanas de vida. También tienen un gran cerebro y una memoria extraordinaria. Recuerdan exactamente dónde encontrar las flores que han visitado antes. Saben cuánto tarda una flor en volver a llenarse de néctar. A veces incluso recuerdan caras humanas. Los humanos, por su parte, siempre están pendientes de estas hermosas criaturas.

PRIMER PLANO

Zumbido

El zumbido del colibrí es único entre todos los animales. Se debe a los rápidos movimientos ascendentes y descendentes de sus alas. Puede alejar a los enemigos o impresionar a una posible pareja. Es el sonido que da nombre a estos pájaros.

FAMILIA  **DESTACADA**

La práctica hace al maestro

El otro joven colibrí ya está preparado para enfrentarse a cualquier cosa en su búsqueda de alimento. Su altísimo metabolismo significa que debe beber de tantas flores como sea posible. El azúcar del néctar le da energía. Revolotea de una planta a otra, posándose el tiempo suficiente para saciarse. Ha reclamado su territorio y lo defiende a capa y espada. Cuando se acerca un abejorro grande, la estrella de la colina lo ahuyenta a toda velocidad. Otros animales no son bienvenidos en su territorio.

LOS COLIBRÍES MACHOS

hacen todo lo posible en sus llamativos bailes de apareamiento para impresionar a las hembras que los observan.

3-5 AÑOS

- Fin de la vida del colibrí de Allen y otras especies

7-11 AÑOS

- Fin de la vida del colibrí de Anna, garganta rubí, rufo y otras especies

CAPÍTULO CUATRO

AYUDANDO A LOS COLIBRÍES A SOBREVIVIR

Los primeros exploradores españoles del Nuevo Mundo nunca habían visto colibríes. Los llamaron joyas voladoras. Con su colorido brillante e iridiscente, muchas especies de colibríes tienen nombres mágicos a juego: Topacio carmesí. Cometa de cola roja. Espino de barba arco iris. Hada de corona púrpura. Incluso en países donde no existen, los colibríes tienen muchos admiradores. Estos pajarillos son un regalo para el mundo que hay que proteger.

De todas las especies asombrosas, casi la mitad vive en el "cinturón ecuatorial". Se trata de una zona del globo que va desde los 10 grados al norte del Ecuador hasta los 10 grados al sur del mismo. Colombia es el país con más especies de colibríes, con más de 160. Ecuador tiene 130 especies, pero el mayor número de colibríes en general. En Estados Unidos viven menos de 25 especies. Chile y Canadá tienen menos de 10 especies cada uno. Y las poblaciones de colibríes están en declive. Algunas especies ya se han perdido, como la esmeralda de Brace de las Bahamas. Y hay muchas amenazas, además de los depredadores, para las que aún existen.

Una amenaza importante es la destrucción del hábitat. Los bosques donde viven los colibríes se están talando para dedicarlos a la madera, la agricultura y la construcción de viviendas. La gente captura y mata colibríes ilegalmente para utilizarlos en "pociones de amor" o como amuletos de buena suerte. También se han utilizado en algunas medicinas humanas. Los **pesticidas** matan a los insectos que los colibríes necesitan para alimentarse. Y el cambio climático afecta a las plantas con flores que dan néctar a los colibríes. Algunas plantas pueden florecer demasiado pronto o demasiado tarde, o no florecer en absoluto, lo que altera el ciclo natural de alimentación del ave.

Muchas organizaciones y particulares trabajan para proteger a estas preciosas aves. Es una labor importante. La American Bird Conservancy y la International Hummingbird Society son dos organizaciones que dedican grandes esfuerzos a ayudar a los colibríes. Ambas participan en proyectos destinados a proteger algunas de las especies más amenazadas. Trabajan con los gobiernos para proteger los hábitats. También tienen programas que educan al público.

La investigación sobre colibríes en muchas universidades es continua. Hace relativamente poco que los investigadores empezaron a comprender la complicada ciencia de cómo vuelan los colibríes. Otro campo de investigación es el extraordinario cerebro del colibrí. Los científicos estudian cómo el cerebro comprende y reacciona ante el mundo. Otros estudios se centran en las pautas migratorias y los hábitos alimentarios de los colibríes. Toda esta investigación ayudará a la gente a aprender a proteger estas hermosas joyas voladoras.

INSTANTÁNEAS

El **colibrí calíope** es el ave reproductora más pequeña de EE.UU. y Canadá. Las hembras a veces roban los materiales de anidación de otras aves para construir los suyos propios.

El **colibrí de Anna** tiene el salto de cortejo más rápido y peligroso de todos. Descienden unos 385 longitudes de cuerpo por segundo, es decir, más rápido que el transbordador espacial al entrar en la atmósfera terrestre.

Cuando bajan las temperaturas, la mayoría de los **colibríes garganta de rubí** abandonan Canadá o EE.UU. Vuelan sin parar por todo el Golfo de México hasta el sur de México.

El amenazado **Juan Fernández firecrown** sólo se encuentra en la isla Robinson Crusoe. Esta pequeña isla se encuentra a 644 km (400 millas) de la costa de Chile.

El pico del **silfo de cola larga** es más corto que el de la mayoría. A veces perfora la base de la flor para alcanzar el néctar.

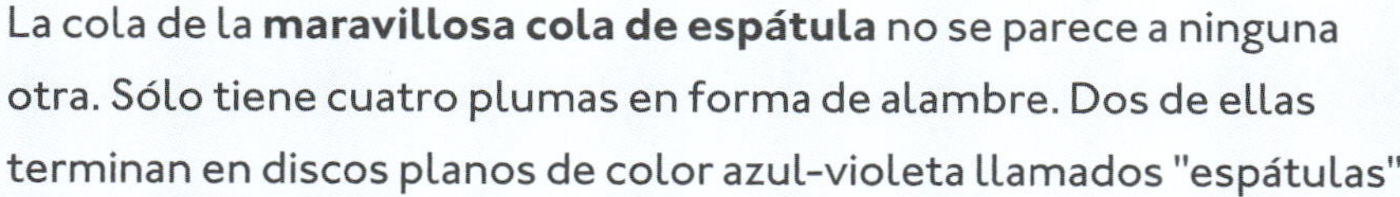

La cola de la **maravillosa cola de espátula** no se parece a ninguna otra. Sólo tiene cuatro plumas en forma de alambre. Dos de ellas terminan en discos planos de color azul-violeta llamados "espátulas".

En 1951, se encontró el único espécimen conocido de la **starfrontlet brillante**. Otro ejemplar de esta especie tan rara no se descubrió hasta 2004.

El **pechinegro** de Ecuador es una de las especies de colibrí más amenazadas. En 2019, sólo se conocía la existencia de entre 250 y 999 aves adultas.

El **colibrí rufo** migra anualmente entre Alaska y el noroeste de Canadá hasta México, lo que supone unos 6.437 km (4.000 millas) de ida yde vuelta.

El **helmetcrest de barba azul** es una de las especies de colibrí más raras del mundo. Se encuentra en las mayores altitudes de Colombia y está en peligro de extinción.

El **sabrewing de Santa Marta**, un colibrí de Colombia, no se había visto desde 1946. Pero en 2010, después de más de 60 años, un investigador encontró uno.

PALABRAS para saber

aviar que tiene que ver con las aves

especie grupo de seres vivos con características comunes y capaces de reproducirse entre sí

hibernación largo periodo de sueño profundo que experimentan algunos animales en climas fríos, cuando escasea el alimento

incubar (de un ave) sentarse sobre los huevos, mantenerlos calientes mientras los polluelos se desarrollan en su interior

iridiscente mostrar colores brillantes que parecen cambiar cuando se ven desde diferentes ángulos

metabolismo los procesos químicos dentro del cuerpo que mantienen vivos a los animales

migrar trasladarse de una región o territorio a otro según la estación

pesticida veneno utilizado en las plantas para protegerlas de los insectos

plumaje toda la cubierta de plumas de un ave

polluelo un ave bebé que no tiene edad suficiente para volar o abandonar el nido

puna altiplano de pastizales en los Andes peruanos

volantón ave joven que acaba de aprender a volar

Visita

MONUMENTO NACIONAL BANDELIER

En este santuario de anidación, encontrarás colibríes calíope, rufo, de mentón negro y de cola ancha.

15 Entrance Road
Los Alamos, NM 87544

LAKE HOPE STATE PARK

En verano, los funcionarios del parque hacen demostraciones sobre cómo alimentar manualmente a los colibríes garganta de rubí.

27331 State Route 278
McArthur, OH 45651

TOHO CHUL PARK

Visita el jardín de colibríes para observar a los colibríes de Anna y Costa sorbiendo néctar.

7366 North Paseo del Norte
Tucson, AZ 85704

UC SANTA CRUZ, ARBORETUM AND BOTANIC GARDEN

Recorre el sendero del colibrí o visítalo durante el Mes del Colibrí en marzo.

1156 High Street
Santa Cruz, CA 95064

ÍNDICE

alas, 12, 13, 20, 21, 22
amenazas, 8, 19, 26
apareamiento, 13, 16, 19, 21, 22, 23
buceo, 15, 20, 28
coloración, 7, 8, 16, 19, 20, 25, 29
depredadores, 8, 19, 26
distribución, 4, 7, 16, 25, 28, 29
flores, 8, 10, 11, 13, 14, 16, 20, 22, 28
huevos, 4, 7, 8, 19, 22
memoria, 22
migración, 7, 17, 18, 19, 26, 28, 29
néctar, 8, 10, 13, 14, 19, 20, 22, 26, 28
nidos, 4, 8, 9, 10, 14, 15, 21, 28
nombres, 25, 28–29
picos, 7, 10, 11, 28
plumas, 7, 8, 9, 11, 12, 14, 15, 16, 18, 21, 29
polluelos, 4, 9, 11, 13, 16
territorios, 4, 8, 13, 22
volar, 9, 13, 14, 15, 19, 20, 21, 22, 25, 26, 28
zumbido, 22